我是传奇

科比·布莱恩特

流年 著 锄豆文化 编绘

北京时代华文书局

图书在版编目（CIP）数据

科比·布莱恩特 / 流年著 ; 锄豆文化编绘 . 一
北京 : 北京时代华文书局, 2024.3
（我是传奇）
ISBN 978-7-5699-5397-8

Ⅰ . ①科… Ⅱ . ①流… ②锄… Ⅲ . ①儿童故事一
中国一当代 Ⅳ . ① I287.5

中国国家版本馆 CIP 数据核字（2024）第 052758 号

拼音书名 | WO SHI CHUANQI
KEBI BULAIENTE

出 版 人 | 陈 涛
选题策划 | 直笔体育 徐 琰
责任编辑 | 马彰羚
责任校对 | 初海龙
封面设计 | 王淑聪
责任印制 | 訾 敬

出版发行 | 北京时代华文书局 http://www.bjsdsj.com.cn
北京市东城区安定门外大街 138 号皇城国际大厦 A 座 8 层
邮编：100011 电话：010－64263661 64261528
印 刷 | 三河市嘉科万达彩色印刷有限公司 0316-3156777
（如发现印装质量问题，请与印刷厂联系调换）
开 本 | 710 mm × 1000 mm 1/16 印 张 | 2.5 字 数 | 29 千字
版 次 | 2024 年 3 月第 1 版 印 次 | 2024 年 3 月第 1 次印刷
成品尺寸 | 170 mm × 230 mm
定 价 | 198.00 元（全十册）

开篇

他在 NBA 征战 20 年，
赢得 5 次总冠军，18 次入选全明星赛；
他拥有无数荣誉，
名人堂为他设置了独立展厅，
他是 NBA 第二位能够享受到此待遇的名人堂球员。
他就是美国著名篮球运动员——
科比 · 布莱恩特。

凌晨 4 点的洛杉矶曾经见证科比的奋斗历程，
但他不只是一个工作狂，
他还是 21 世纪篮球世界最好的代表之一，
是一个不折不扣的全民偶像。

在生活中，他不但给很多篮球少年指引方向，
还是很多 NBA 球员前行的动力。
他用亲身经历告诉人们，
非凡的天赋与对胜利的绝对渴望相融合，
能创造多大的可能。
关于科比的那些励志故事，
更是让我们为之动容，并激励我们前进。

天赋少年

1978年夏天，乔·布莱恩特结束了自己在NBA的第三个赛季，同时他和帕梅拉的第三个孩子降临，他们给这个孩子取名**科比·布莱恩特**。

科比有两个姐姐，他是这个家里唯一的男孩。因此，科比一出生就成了这个家庭的中心。

科比从小就在父亲的引导下，喜欢上了篮球。当别的小朋友玩游戏的时候，小科比却在认真地练习拍球、投篮。

有的时候，小科比练得浑身是汗，家里人心疼他，想让他休息一下，他会认真地摆摆手说：“我不累。”然后继续练习。

有一天大姐发现他在练习用左手拍球，好奇地问：

科比的话让大姐十分震惊，她万万没想到小科比竟然会有这样的想法，这太不可思议了。

科比在篮球上的天赋逐渐显露，但父亲那边却遇到了一件麻烦事。

在科比 6 岁那年，科比的父亲无法继续在 NBA 打球。为了继续维持一家人的生活，科比的父亲决定带着一家人去意大利。

出发的时候，科比没有拿心爱的玩具，而是把几盘**NBA 比赛**的录像带塞进自己的小背包里，那些录像带是科比的最爱，无论走到哪里，他都要随身携带。

之后的7年，因为父亲工作的原因，科比经常跟着父亲搬家。科比不但从来没有抱怨过，反而和父亲的队友成了忘年交。有一次，在大巴车上，父亲的队友道格拉斯问科比：“你的理想是什么？”科比仰着头说：“我的理想就是——**等我长大了，要让你们看看我是怎样打篮球的！**”

“哟，口气不小！”道格拉斯疼爱地看着科比，“说说你的自信是从哪里来的？”

“这是我爸爸教我的。”科比自信地回答道。

原来，科比的父亲在经历了离开NBA的风波以后，发现对于一个运动员来说，自信是走向成功的关键因素。因此，他在培养科比时，不断地对他说：

当然，只靠这句话，科比是不会真正自信起来的。除了父亲的鼓励以外，科比的自信还来源于他**刻苦、努力、扎扎实实的训练**。见过科比训练的人，都会被他勤奋、努力的样子深深地震撼到。

八九岁的科比，把篮球训练当成比吃饭、睡觉还重要的事。

科比每天都会早早地来到球馆训练，休息日其他队员都回家休息了，科比还是像平时一样坚持训练。没有教练给他安排训练，他就自己给自己加练。

科比的外公会把NBA的比赛录下来，再把这些录像带打包成箱，寄给远在意大利的科比。科比非常珍惜这些录像带，常常拿出来反复地观看。

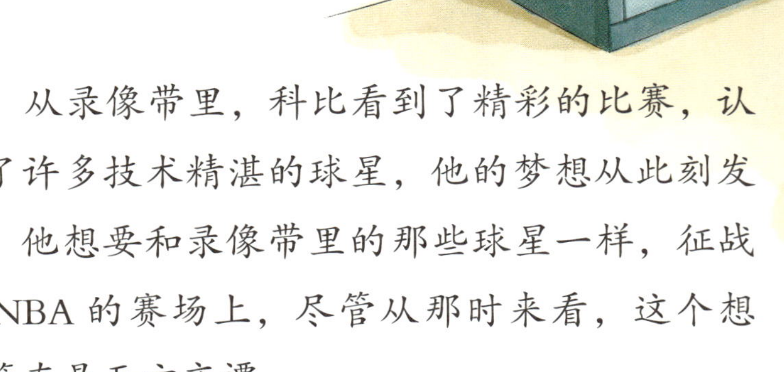

从录像带里，科比看到了精彩的比赛，认识了许多技术精湛的球星，他的梦想从此刻发芽，他想要和录像带里的那些球星一样，征战在NBA的赛场上，尽管从那时来看，这个想法简直是天方夜谭。

科比当时的偶像是洛杉矶湖人队传奇球星**“魔术师”约翰逊**，他把“魔术师” 约翰逊的海报贴在卧室中，时刻激励自己。

但是在 1991 年，科比 13 岁时，约翰逊突然宣布退役，科比得知这个消息以后伤心欲绝，大哭了一场。次年，科比的父亲结束自己的球员生涯，带领全家重新回到费城。

努力 + 求胜欲的极致呈现

回到美国后不到一年，科比就在当地的篮球场打出了名气。不少人已经在议论这个从意大利搬回来的少年，劳尔·梅里恩高中篮球队的主教练格雷格·唐纳也听说了科比的名字，在看完科比的一场比赛后，他找到布莱恩特一家，想要邀请科比参加一场训练赛。

一个周六的上午，科比如约而至。训练赛开始后，唐纳仅仅观察了他 5 分钟，就对助教说：“我从没见过谁如此年轻就能有这么出众的球技！”比赛结束后，唐纳就向科比发出邀请，希望他能来劳尔·梅里恩高中就读。

父亲把这件事告诉科比后，科比愉快地接受了唐纳的邀请，之后科比和两个姐姐都来到了劳尔·梅里恩高中就读。

高中第一年，科比一共打了 24 场比赛，但只赢下了其中的 4 场。更糟糕的是，因为力量不够，科比还在比赛中伤到了膝盖。

但科比没有自暴自弃，他积极地配合医生进行治疗，做康复训练。同时，他还主动找到主教练格雷格·唐纳，对他说：

唐纳看着这个**不屈不挠**的小伙子，心里又惊又喜。

膝盖康复以后，科比成了球队中最早来训练又最晚离开的那一个，训练时的他，更是一刻都不肯松懈，只有实在撑不住的时候，他才停下来休息。

科比的训练强度让唐纳十分惊讶，但他又担心科比把所有的时间都用在训练上，会落下功课。但事实证明，唐纳的担心是多余的。科比的功课不但能够按时完成，而且非常优秀。

辛勤的付出终于换来了金光闪闪的硕果。在高二赛季，科比场均可以拿下**22分**，球队也比上一年多拿到了12场胜利，科比实现了对唐纳的承诺。

科比的父亲有个朋友名叫桑尼·瓦卡罗。瓦卡罗帮助阿迪达斯开办了ABCD训练营，这个训练营只招收美国最优秀的篮球少年。

科比在父亲的帮助下，参加了ABCD训练营。在训练营里，科比训练得非常刻苦，但是训练营里个个都是篮球高手，想突出重围简直比登天还难。第一年的训练结束以后，科比没有如愿成为训练营的最有价值球员（Most Valuable Player，简称MVP）。

科比有一点儿沮丧，但**不服输**的性格让他很快振作起来，他真诚地对瓦卡罗说：“非常抱歉，我未能成为训练营中的MVP，但我保证明年一定做到。”

接下来，科比开始了魔鬼般的训练。除了吃饭、睡觉，他每时每刻都在训练场上。甚至躺在床上的时候，他依然在琢磨运动中的细节。

功夫不负有心人。一年后，科比不但成为训练营中的MVP，还在球场上完成了一次令所有人震惊的防守。

那是令科比终生难忘的一场比赛。对方球员中有一个身高 2.16 米的大个子，他拿到球以后，轻轻一跳，把球朝着篮筐抛了出去。

在这千钧一发之际，科比一个箭步冲过来，腾空而起，在空中把球拦了下来。

科比这个**盖帽**使用得非常巧妙，不但展示出他非比寻常的爆发力，还体现出了坚持到底、永不放弃的体育精神。这场比赛就像一把神奇的钥匙，为科比打开了一扇通往成功的大门。

接下来的一年里，科比场均拿到 31.1 分、10.4 个篮板、5.2 次助攻、2.3 次抢断、3.8 次盖帽。同时，劳尔·梅里恩高中在科比的帮助下，在常规赛中拿到了第一名。可是球队还没来得及庆祝，就在不久之后的季后赛中被淘汰了。而淘汰的原因，是**科比在关键时刻出现了失误**。

科比的心情从天上跌到了谷底，回到更衣室，他看着失落的队友悔恨交加，哽咽着说：

这一年的夏天，科比收到了 NBA 球队费城 76 人队主教练卢卡斯的邀请，参加了费城 76 人队在圣约瑟夫大学的自发集训。

科比非常珍惜这次机会，他每天都会**提前两个小时**到球场进行训练，等其他队员到齐的时候，科比已经练到汗流浃背了。训练结束以后，科比还要**加练两个小时**。

科比的勤奋与努力感动了圣约瑟夫大学篮球队的主教练马特里，马特里把球馆的钥匙交给科比，允许科比自由出入球馆。这样一来，科比就有了更多的训练时间。

这次和NBA球员一起进行的集训，对于科比选择后面的道路有很大的影响。在这次集训之后，很多球探跟科比的父亲说：“一年后，科比高中毕业，不必在大学浪费时间了，**他应该直接去NBA**。”

父亲把这个激动人心的好消息告诉了科比，但科比眼下最迫切的事是帮助劳尔·梅里恩高中拿到州冠军，兑现对队友的承诺，弥补之前的过失。

高中最后一年，科比丝毫不敢懈怠，身上的每一个毛孔都散发出强烈的**求胜欲**。有一次，在一次训练中，队内打三对三对抗赛，先拿到10分的一组获胜，科比带领的一组与对手战成了9:9，接下来就到了一球定输赢的关键时刻。

可是，在这个节骨眼上，队友却做了一个假动作，把球投偏了，结果对手率先拿到10分，科比他们输了。

这是一次普通的队内训练，队友都没放在心上，但科比非常严肃地指出了队友的错误，队友觉得特别委屈，其他人也觉得科比小题大做。但科比不这样认为，他认为要想拿到冠军，必须在每一次训练、每一场比赛中保持一丝不苟的态度，有错误及时纠正，才能不断地进步。

队友明白了科比的良苦用心，之后大家团结一致，终于拿到了州冠军。而在这一年中，科比取得的荣誉也格外引人注目：**奈史密斯年度最佳高中球员、佳得乐全美年度最佳高中球员、《今日美国》全美第一阵容球员。**

另外，科比的高中生涯得分锁定在2883分，一举打破了威尔特·张伯伦保持的宾夕法尼亚州东南部地区高中球员得分纪录。

可以说，科比在个人荣誉和团队成绩上，都给高中生涯画上了完美的句号，接下来，科比要做出选择了。

凌晨 4 点的洛杉矶

科比高中时期的学习成绩很好，他可以去他想去的任何一所大学，但因为自身超凡的篮球天赋和实力，他最终还是决定直接进入 NBA。

1996 年 4 月，在劳尔·梅里恩高中的体育馆，明星范十足的科比举行了一场新闻发布会，体育馆内除了有数百名学生和老师外，娱乐与体育电视网（ESPN）、《纽约时报》等媒体的记者也相继到场，科比笑着宣布自己决定**跳过大学，将天赋带到 NBA**。

其实科比希望早点进入 NBA 还有一个目的，那就是和乔丹同场竞技。乔丹是公认的 NBA 历史第一球星，两人又都是得分后卫，科比把**乔丹**视为自己的目标。

科比在高中篮坛是最棒的，是独一无二的，但过去的经验证明：高中生球员和大学生球员比起来，需要更多的时间才能适应 NBA。

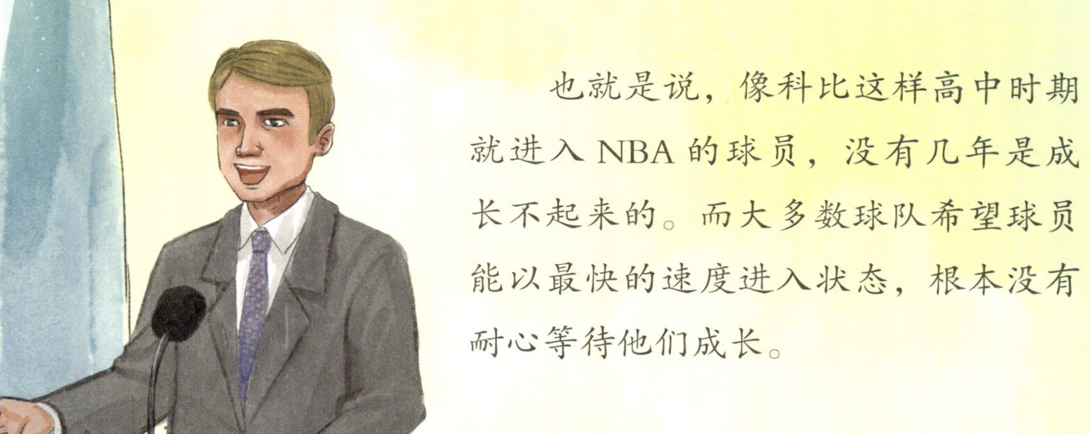

也就是说，像科比这样高中时期就进入 NBA 的球员，没有几年是成长不起来的。而大多数球队希望球员能以最快的速度进入状态，根本没有耐心等待他们成长。

所以，球队都不太愿意选择高中生球员，再加上 1996 年选秀队伍中藏龙卧虎，因此科比的选秀行情一开始**并不理想**。

后来，科比的经纪人找到洛杉矶湖人队的总经理韦斯特，希望他能够给科比一次试训的机会，韦斯特勉强答应了。

与科比一起试训的还有刚刚率领密西西比州立大学打入全国大学体育协会（National Collegiate Athletic Association，简称NCAA）锦标赛四强的丹特·琼斯，琼斯身体强壮、技术成熟，经验也比科比丰富，但试训仅仅进行了45分钟，**科比就把琼斯打得落花流水**。

科比的出色表现着实令韦斯特大吃一惊，韦斯特立即决定再为科比安排第二次试训。

这次韦斯特让洛杉矶湖人队的防守悍将迈克尔·库帕对位科比，试训仅进行了25分钟，韦斯特就满意地说："足够了，这个孩子比队内任何人都优秀，我们必须用尽一切办法得到他。"

最终，**科比成了洛杉矶湖人队的一员**。

但是，进入NBA的科比并非一帆风顺。他在威尼斯海滩打野球时受了伤，错过了赛季前的训练营，在季前赛中又因为扣篮再次受伤了，于是，科比向队友请教如何避免受伤，队友对科比说：“很简单，减少扣篮动作，就会大大降低受伤的频率。”

科比听完连连摇头说：

不服输的科比没有听从队友的建议，他一边寻找避免身体受伤的方法，一边苦练扣篮本领。

不久后，科比迎来了新秀赛季。洛杉矶湖人队打进了西部半决赛，在西部半决赛第 5 场最后 1 分钟，湖人队的核心球员奥尼尔被罚出场，科比对教练说：“教练，如果你把球给我，我一定能投进。”

最后时刻，教练选择相信科比，将关键一投的机会交给他。可惜的是，初出茅庐的科比投出了一记“三不沾”（没有碰到篮筐、篮板和篮网的未命中的投篮），让湖人队错失了绝杀的机会。

而在接下来的加时赛大战中，科比依旧手感不佳，又先后投出了三记“三不沾”。最终，湖人队不敌爵士队，从季后赛出局。科比非常沮丧，低着头默不作声。

比赛结束之后，科比回家放下行李就去体育馆训练。当时已经是凌晨3点，但科比满脑子想的都是这场比赛，早已忘记了时间，他拼命地训练，**想用汗水冲淡心里的痛苦**。

新秀赛季结束时，科比场均只得到7.6分，这让他感受到NBA赛场的残酷。整个休赛期，科比都把自己关在球馆训练。

每当感到疲倦或者灰心丧气的时候，他就会想起那个关键时刻投出的“三不沾”。为了不再出现这样的情况，科比每天不到凌晨4点就去球馆训练。

1997—1998 赛季，科比的场均得分增加到了 15.4 分。在随后的一场比赛中，替补出战的科比再次和自己的**偶像乔丹**相遇。在和乔丹的直接对位中，科比拿到了 33 分，他激动得快要尖叫出来。

比赛一结束，科比立刻找到乔丹，向他请教技术和训练方面的问题，乔丹也被科比**诚恳好学**的态度感动，把自己的电话号码给了科比。从那以后，科比和乔丹成了好朋友，科比经常向乔丹请教问题，乔丹也非常愿意帮助科比。

无论身形还是打法，科比都和乔丹很像，再加上他好胜的个性，刚满 19 岁，他就获得了“**乔丹接班人**”的称号。

由于在 1997—1998 赛季的表现十分惊艳，还在打替补的科比就被球迷票选进了全明星赛首发阵容。在比赛中只要和乔丹相遇，科比就会斗志昂扬，勇敢地和乔丹单挑。而本来因感冒卧床休息的乔丹，被科比燃起了斗志，带领球队击败对手，并荣膺全明星赛 MVP。他们俩互相激励、共同进步，这样的友谊实在太珍贵了。

在科比NBA生涯的第三个赛季，他终于坐稳了首发的位置，场均可以拿到19.9分、5.3个篮板、3.8次助攻、1.4次抢断，并入选了赛季最佳阵容三阵。整个职业生涯，他为湖人队拿到**5座总冠军奖杯**，又在2008年北京奥运会和2012年伦敦奥运会，帮助美国队拿下奥运会金牌。他曾创造单场比赛拿下81分的神迹，生涯最后一战时，他独取60分，给职业生涯画上了一个奇迹般的句号。

有记者问科比成功的秘诀，科比这样回答：

“**你见过凌晨4点的洛杉矶吗？**”

是啊，科比取得的每一个成绩，都是用辛勤的汗水和数不清的伤痛换来的。

2020 年 1 月 26 日，科比乘坐的飞机失事，科比不幸遇难，永远离开了喜爱他的球迷。然而，科比永不服输、努力奋斗的精神就像一面旗帜，永远也不会倒下。

非洲草原上有一种毒性非常强的蛇叫黑曼巴，人们把科比的精神称作**曼巴精神**。曼巴精神激励着每一个年轻人：认真做好自己的事，勇于突破自己，在困境中创造奇迹。

科比

KEBI

美国

已故篮球
运动员

整个 NBA 生涯都效力于洛杉矶湖人队

5 次获得 NBA 总冠军

2015 年 11 月 30 日宣布在该赛季结束后退役

NBA 历史上最伟大的球员之一

曾完成单场得分 81 分的壮举

2020 年 1 月 26 日因直升机事故遇难

荣誉记录

RONGYUJILU

体育名人堂

NBA 总冠军：5 次
NBA 常规赛 MVP：1 次
NBA 总决赛 MVP：2 次
NBA 全明星赛：18 次
NBA 全明星赛 MVP：4 次
NBA 全明星赛扣篮大赛冠军：1 次
NBA 最佳阵容：15 次　NBA 最佳防守阵容：12 次
NBA 最佳新秀阵容二阵：1 次
NBA 得分王：2 次
奥运会男子篮球金牌：2 次
美洲男子篮球锦标赛金牌：1 次
2018 年奥斯卡金像奖最佳动画短片奖
2020 年入选奈史密斯篮球名人纪念堂
2020 年入选费城体育名人堂
2021 年入选 NBA 75 周年 75 大球星

场地

标准的篮球场地要求长28米、宽15米，在比赛场地外必须留有2米的空地。（NBA的篮球场地大小稍有不同，长28.65米，宽15.24米。）篮球场由两个半场区组成。球场最中间的线叫中线，中线中间的圆圈叫中圈。每个半场的三分线将其划分出三分区和两分区。两分区内设有限制区（三秒区）。

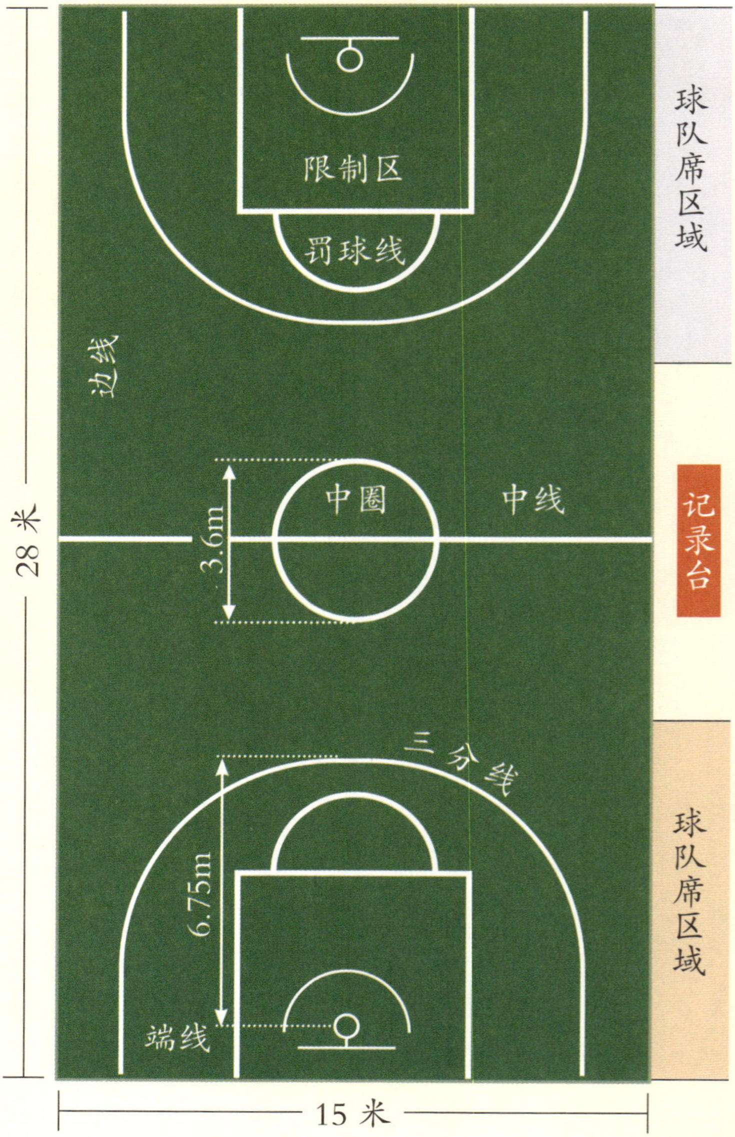

限制区
罚球线
球队席区域
边线
中圈
中线
3.6m
28米
记录台
三分线
球队席区域
6.75m
端线
15米

球队席区域内必须有 14 个座位供教练员、替补队员使用。任何其他人员应在球队席后面至少 2 米处。

得分

比赛时双方力争将球投入对方球篮，并设法阻止对方获得球和投篮，投中一球得 2 分，三分线外投中一球得 3 分，罚中一球得 1 分。在规定的时间内得分多的队获胜。

比赛时间

根据国际篮球联合会的规则，比赛分为四个单节，每节时长为 10 分钟；在第一节和第二节之间、第三节和第四节之间，以及每一加时赛之前都有 2 分钟的休息时间，半场结束的时间为 15 分钟。

比赛结束时，如果双方得分相同，需举行 5 分钟加时赛。如比分再相同，可连续延长，直到决出胜负为止。

场上人员组成

一场 5 人制篮球比赛进行时，每队要有 5 名队员上场，并可按照规定进行替换。场上 5 名球员由控球后卫、得分后卫、小前锋、大前锋、中锋组成。

篮球运动的起源

篮球这项运动是在 1891 年由詹姆斯 · 奈史密斯发明的。当时，他在马萨诸塞州斯普林菲尔德市的国际基督教青年会培训学校任教。

奈史密斯当时受任寻找一种有趣、易学，并且可以用于冬季室内体育课程的游戏，他从加拿大儿童用球投入桃子筐的游戏中受到启发，创编了篮球这项运动。最早的规则没有运球这一规定，只允许球在球场内传递，之后他又编写了 13 条篮球规则，其中有多条规则沿用至今。